水問題

ハルト

アースくん

リン

いまどうなっているの？

なぜそうなっているの？

これからどうすればいいの？

水問題って どんな問題なの？

いま地球には、水をめぐる問題がいくつも起こっているんだ。水が足りなくなっていること、人間が水をよごしていること、安全な水を使えない人がいることなどだよ。

水が足りない！

人間が生きていくために、水はなくてはならない。それなのに、じゅうぶんな量の水を手に入れられない人がたくさんいる。

水は家の水道からいくらでも出てくるし、とってもきれいだよ。水の問題っていわれても、よくわからないんだけど。

日本のように、自分の家で、きれいで安全な水がいつでも好きなだけ手に入る生活を送れることは、けっして当たり前ではないんだよ。世界の４人に１人は、きれいで安全な飲み水を利用できていないんだ。

水がよごれている!

人間は、地球の水をよごしている。よごれた水には人間や生きもののからだに悪い影響をおよぼすものがふくまれていることがある。よごれて使えない水は、ないのと同じことだ。

安全な水を使えない人がいる!

世界には、身近なところで、かんたんに水を手に入れることができない人がいる。川や湖からくんだ、安全ではない水をそのまま使わなければいけない人もいる。

いまどうなっているの？②

水はたくさんあるのに、どうして足りないの？

水は貴重だっていうけれど、海にも川にも湖にもたくさんあるよね。なぜ貴重なの？

たしかに、地球は「水の惑星」ともいわれ、およそ14億㎦もの水があるとされているよ。ところが「人間が利用できる水」となると、話がかわってくる。この14億㎦のうち約97％までが海水、つまり塩分をふくんだ水で、そのまま飲んだり、使ったりすることはできないんだ。

宇宙から見た地球のようす。表面の3分の2は水でおおわれている。

地球にある水の量
14億㎦

14億㎦の水は、札幌市（北海道）と淡路島（兵庫県）をむすぶ直線を1辺とする立方体が、いっぱいになるくらいの量。

でも、14億㎦もあるなら、のこり約3%の水でも、かなりの量になりそうだけど……？

塩分をふくまない水のことを淡水というよ。地球上に約3%ある淡水のなかには、北極や南極のまわりなどの氷や、地面の下にある地下水もふくまれている。これらをのぞくと、川や湖の水のように人間がかんたんに利用できる淡水は、わずか0.02%（5,000分の1）しかないんだ。みんなが毎日使っているのは、その一部なんだよ。

● 地球上にある水の内訳

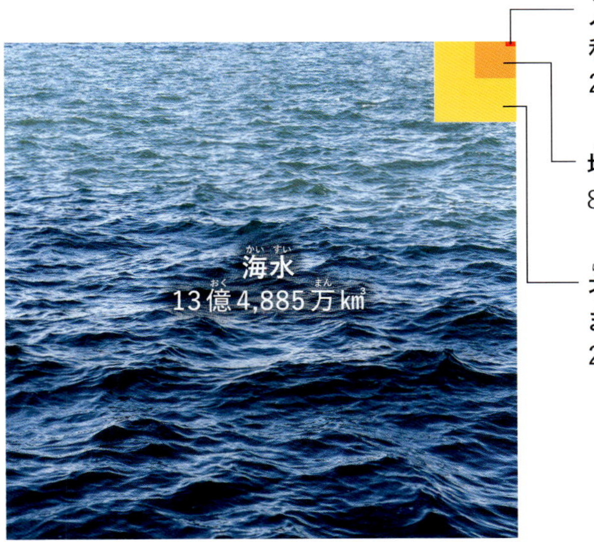

地球上にある水をお風呂（200L）いっぱいのお湯にたとえると、人間がかんたんに利用できる水はスプーン2、3杯ぶんということになる。

出典：国立天文台 編『環境年表2023-2024』（丸善出版）

いまどうなっているの？③

地球上にある水をふやすことはできないの？

水が足りないというなら、どうにかして地球の水の量をふやすことはできないの？

海の水（液体）が太陽の熱によって蒸発し、水蒸気（気体）にかわり、空気の一部となる。

人間は、川や湖などの水や地下水をくんで利用している。

そういうわけにはいかないんだよ。地球上にある水は、下の図のように、姿をかえながら、ぐるぐるとめぐっているんだ。これを水の循環というよ。つまり、地球上にある水の量はかわらない。へることもないし、けっしてふえることもないんだ。

空気中の水蒸気は、空気が空の高いところへのぼると液体や氷（固体）のつぶとなり、雲のもととなる。

雲をつくる水や氷がたくさん集まると、やがて雨や雪として地上にふる。

雨や雪として、陸地にふった水は川に流れこんだり、地中にしみこんで地下水になったりする。

地下水は地上にわき出て、川になる。川の水は海へ流れこむ。

いまどうなっているの？④

人間は水をどんなことに使っているの？

水の使いみちって、お風呂とか、トイレとか、料理をするとか、それぐらいでしょう？　水って、そんなにたくさん必要なのかな？

日本での水の使いみち

それぞれの場所で、入浴や料理、トイレなどに使われる。

飲みものの原料や、工業製品を洗ったり冷やしたりするのに使われる。

家庭や会社、店などで使われる水
135億㎥
（17％）

工業に使われる水
130億㎥
（16％）

そうだね。たとえば、2020年に日本で使われた水の量はぜんぶで797億㎥なんだけど、家庭や会社や店などで使われたぶんは、そのうち約17%にすぎない。水のほとんどは農業や工業で使われているんだ。とくにたくさんの水を使っているのが、農業だよ。農作物を育てるために田んぼや畑に水を引く「かんがい」には、たくさんの水が必要になるんだ。

☞1巻

わたしたちがお米や野菜や果物を食べられるのも、たくさんの水のおかげってことね……。

田んぼや畑で農作物を育てたり、家畜を飼育したりするために使われる。

合計
797億㎥

農業に使われる水
532億㎥
(67%)

出典：「令和6年版　日本の水資源の現況」(国土交通省)

いまどうなっているの？⑤

水がよごれるってどうことなの？

色がにごっていたり、くさいにおいがしたりすると、水がよごれているとわかるね。「水がよごれる」って、そういうことなの？

見た目やにおいだけでなく、水に何がふくまれているかも問題なんだよ。病原体（病気を引きおこす微生物やウイルスなど）や、有害物質など、体にとって害のあるものがふくまれていると、「水がよごれている」といわれるよ。「水質汚染」や「水質汚濁」ということもあるね。

水をよごすものの例

病原体

コレラ菌

はげしい下痢やはき気を引きおこす、コレラという病気の原因になる細菌。

クリプトスポリジウム

下痢や腹痛などをともなう、クリプトスポリジウム症の原因になる寄生虫。

有害物質

カドミウム

金属の一種。体の中にたまると、腎臓や肝臓に障害を引きおこす。

有機フッ素化合物（PFAS）

化学物質の一種。がんの発生率を高めるおそれがあるとされている。

調べてみよう！ 水質汚染 原因物質

水のよごれによる生きものへの影響には、どういうものがあるの？

たとえば、窒素やリンといった物質が水のなかにふえすぎると、プランクトンが大量発生することがある。窒素やリンがプランクトンの栄養になるからだよ。その結果、魚が呼吸できなくなって死んでしまうこともあるんだ。

川から窒素やリンを多くふくむ水が流れこむと、海でプランクトンが大量発生し、海面が赤くそまることがある。このような現象を赤潮という。写真は静岡県の伊豆半島の海岸沿いのようす。

もっと知りたい!

水をきれいにする浄水場

日本は、水道の水をそのまま飲める数少ない国のひとつ。川や湖からとりこんだ水は、全国各地にある浄水場でじゅうぶんな処理がおこなわれて、安全できれいな水になり、水道を通って、わたしたちのところへとどけられる。

茨城県水戸市にある楮川浄水場。プールのように見えるところも、水をきれいにするための設備のひとつ。

世界のどこで、どれくらい水が足りていないの？

世界には、水が足りている国と、足りなくてこまっている国があるんだね。どんな国で水不足が起こっているの？

「その国に住む1人あたりが1年間に使える水の量はどれくらいか」を調べれば、その国でどれくらい水が足りているか、足りていないかがわかるよ。たとえば日本の場合、その量は3,451㎥だ。でも世界には、それをはるかに下まわる国があるんだ。

1人あたりが1年間に使える水の量

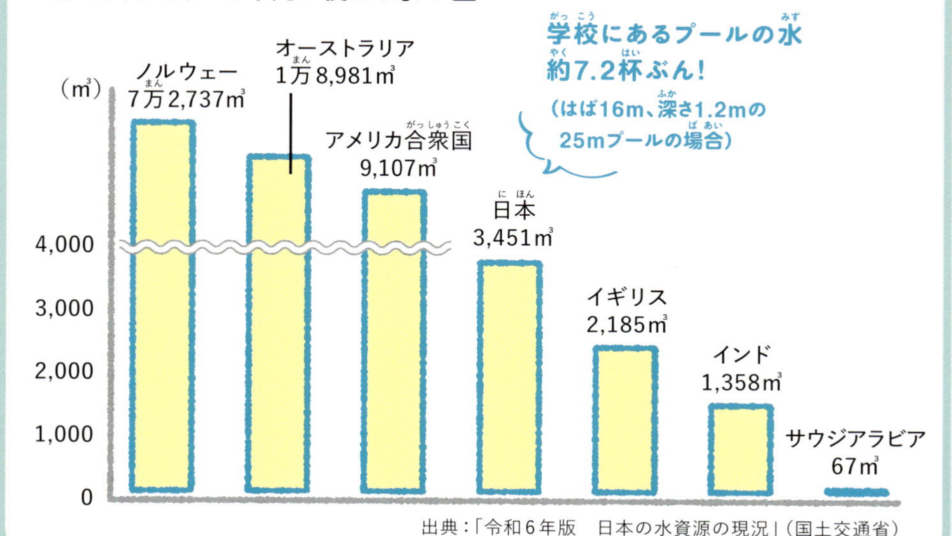

出典：「令和6年版　日本の水資源の現況」（国土交通省）

1人あたりの1年間に必要とする水の量は、最低でも1,700m^3といわれているよ。「1人あたりが1年間に使える水の量」が1,700m^3より少ない国の人々は、水が足りないために不便な生活をしていることになる。このような状態を水ストレス（）というんだ。下の図のとおり、世界には水ストレスの度合いが高い国、つまり水が足りなくてこまっている国がいくつもあるんだ。

● 水不足または絶対的水不足の状態にある国

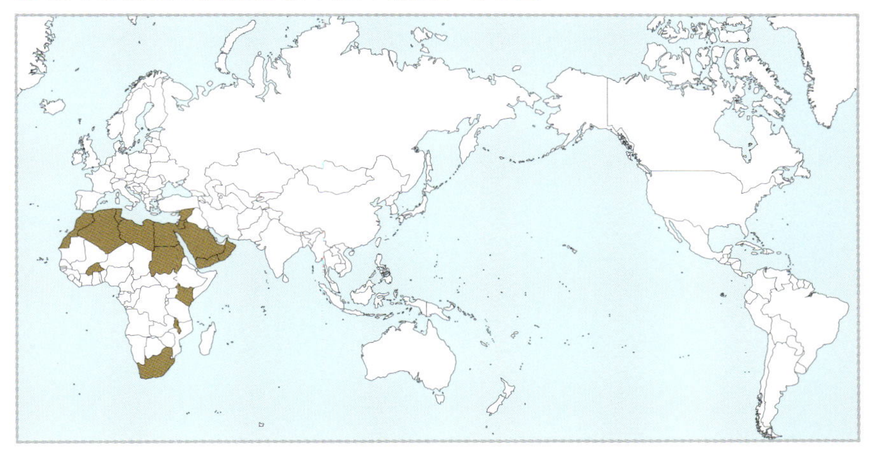

出典：「令和6年版　日本の水資源の現況」（国土交通省）

キーワード 水ストレス

水ストレスとは、「水が足りないために生活に不便を感じる状態」のことをいう。1人あたりが1年間に使える水の量が最低限の1,700m^3を下まわっている場合、「水ストレス下にある」とされる。さらに、1,000m^3を下まわれば「水不足」の状態、500m^3を下まわると「絶対的な水不足」の状態にあるとされる。

● 使える水の量と水ストレスの度合い

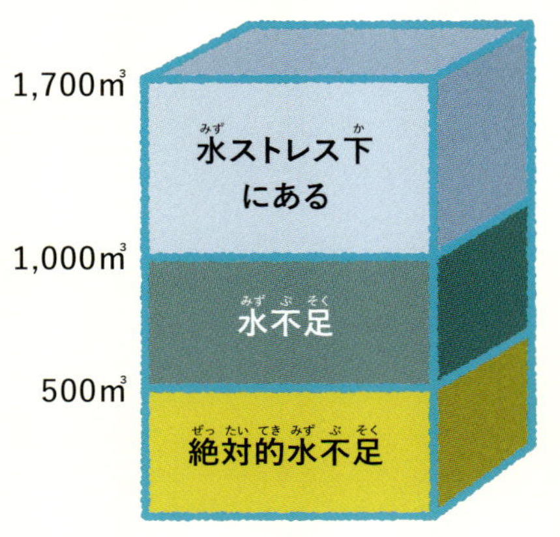

いまどうなっているの？⑦

安全な飲み水を手に入れられない人がいるの？

日本のように、いつでもきれいな水を使えるのは当たり前ではないということだけど、そうじゃない国はどうなっているの？

安全に管理された飲み水を利用できるということは、①浄水場などの施設で、水質を管理して、きれいになった水を、②水道などによって、自分の家でかんたんに入手できること。2022年で、安全に管理された飲み水を利用できない人は、世界に約22億人いるんだ。そのうちの約1億1,500万人は、湖や川の水をそのまま利用している。

世界の人々の飲み水の利用のようす

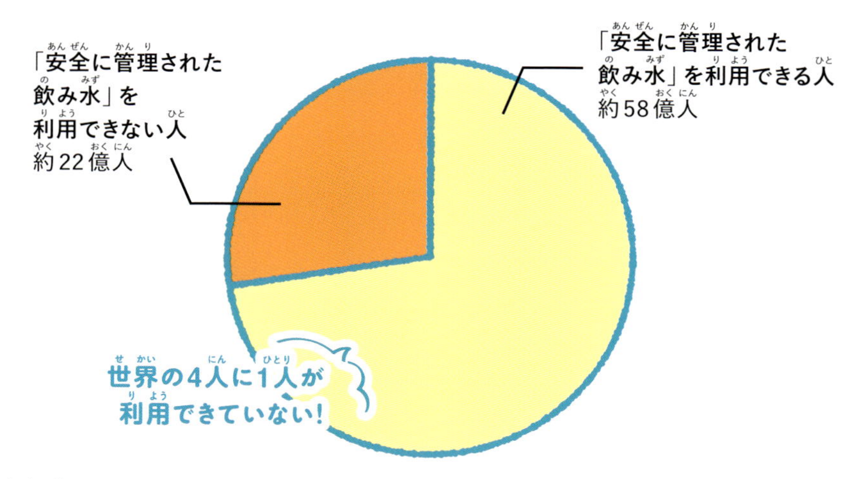

出典：「Progress on household drinking water, sanitation and hygiene 2000-2022: Special focus on gender」（国連児童基金／世界保健機関）

「すべての人に安全な飲み水を」というSDGsの目標があり、世界全体では改善されているのだけれど、浄水場や水道をつくるのにはたくさんのお金がかかるので、地域によって差が生まれているんだ。自分の家で水を入手できない人は、世界に約18億人いる。そのような家庭では、女性と子どもが水くみの仕事をしていることが多い。

「安全に管理された飲み水」を利用できない人の割合が半分をこえる国

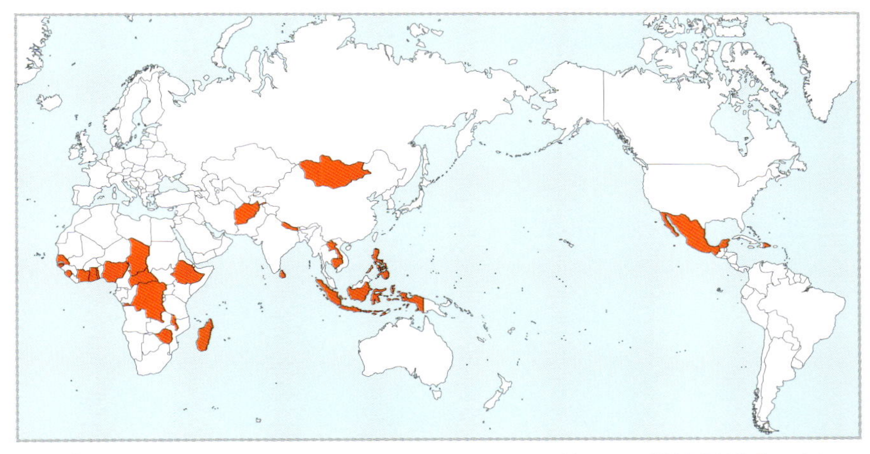

出典：「Progress on household drinking water, sanitation and hygiene 2000-2022: Special focus on gender」（国連児童基金／世界保健機関）

もっと知りたい!

水をはこぶ子どもたち

家に水がなく、水くみの仕事をしている女性と子どもたちは、長い道のりを歩いて、重い水をはこんでいる。それだけでもたいへんなのに、勉強したり、友だちと遊んだりする時間もうばわれている。

アフリカのルワンダの子どもたち。水くみの往復に数時間かかることもある。

いまどうなっているの？⑧

水をめぐって、国どうしが争っているの？

世界の各地で、国どうしが水をめぐって争っているって聞いたけど、ほんとう？

そうなんだ。日本は島国だから関係ないけれど、世界には、何か国にもまたがって流れる大きな川がたくさんある。そうした地域では、川の水をめぐって、国どうしの争いが起こることは、めずらしくないんだよ。

実際、世界のどんな地域で争いが起こっているのかな？

水をめぐって起こった国どうしの争いの例は、下の図のとおりだよ。資源として、水はどの国にとってもだいじなんだ。これから、国どうしの紛争の原因は、石油から水にかわっていくともいわれてるよ。

水をめぐる国どうしの争いの例

トルコ×シリア×イラク
（ティグリス川とユーフラテス川をめぐって）

アメリカ合衆国×メキシコ
（コロラド川をめぐって）

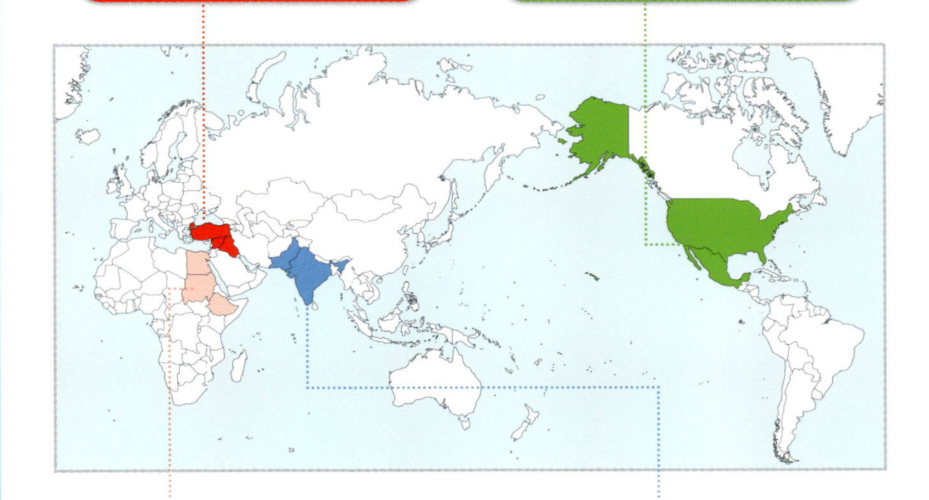

エジプト×スーダン×エチオピア
（ナイル川をめぐって）

インド×パキスタン
（インダス川をめぐって）

なぜそうなっているの？①

どうして水が足りなくなってしまうの？

水をめぐる問題がどんなものなのか、わかったところで、今度はどうしてそのような問題が起こっているのか、その理由を考えてみることにしよう。

地球にある水の量はかわらないのに、どうして足りなくなってしまうの？

水が足りなくなっている大きな原因のひとつは、地球の人口がふえていることだよ。当たり前のことだけど、地球に住んでいる人の数がふえればふえるほど、飲み水も、お風呂やトイレに使う水も、工業や農業に使う水も、たくさん必要になる。

人口はこれからもふえていくんだよね……。ほかにも原因はあるの？

そう。地球の人口がふえることによって、水不足はこれからますます深刻になるおそれがあるんだ。そのほか、人間が水をよごして使える量がへったり、気候変動によって雨のふり方がかわったり、水をたくわえる森林が破壊されたりということも、水不足の原因になっているよ。

● 世界の人口のうつりかわりと今後の予測

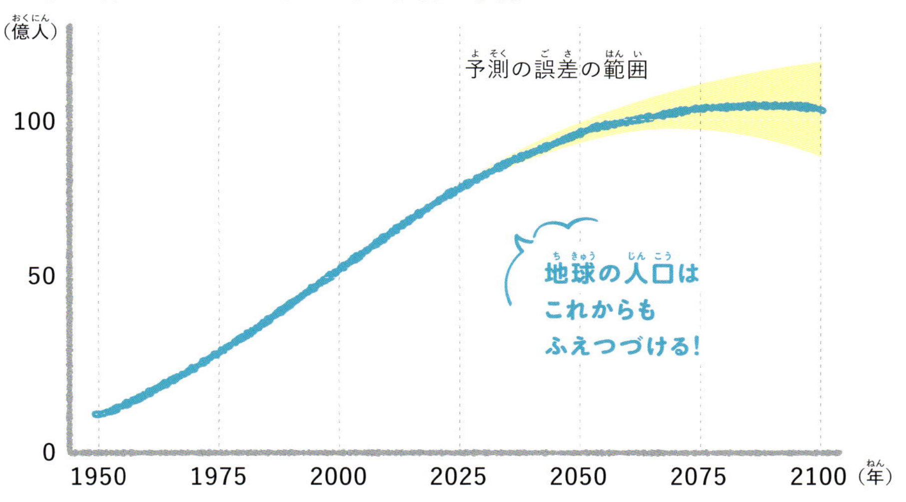

出典:「World Population Prospects 2024」(国際連合経済社会局)

ひとりひとりが使う量もふえる

水の使用量がふえる理由としては、毎日のくらしのなかでひとりひとりが使う水の量がふえていることもあげられる。たとえば日本では、1人が1日に使う水の量の平均は1965年度には169Lだったが、2000年度には2倍近くなり、2020年度でも約1.6倍となっている。これは、経済の発展にともなって水洗トイレが広まったことなどが理由と考えられる。

● 日本の1人1日あたりの水使用量

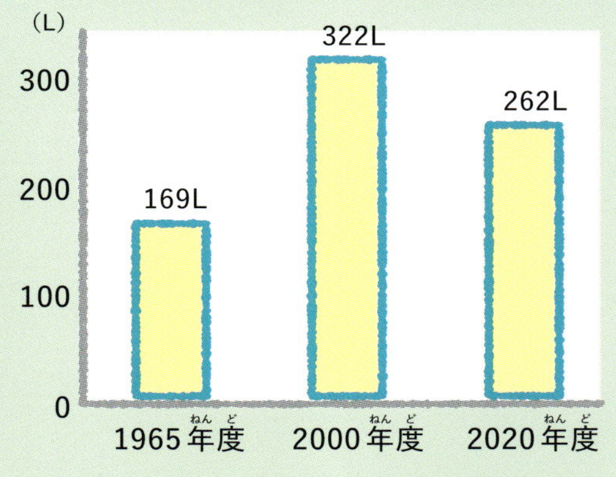

出典:「令和6年版　日本の水資源の現況」(国土交通省)

なぜそうなっているの？②

国や地域によって使える水の量がちがうのはなぜ？

どうして、国や地域によって、使える水の量が多かったり、少なかったりするの？

使える水の量にちがいがある理由

雨の量がちがう

地球上には、雨が多い地域と少ない地域がある。雨が少ない地域では、使える水の量が少なくなる。

西アジアのクウェートは1年を通してほとんど雨がふらない。1人あたりの1年間に使える水の量は、わずか5㎥（200Lの浴槽25杯ぶん）しかない。

みんなが使う水のもとになるのは、雨の水。だから雨がどれくらいふるかは、使える水の量に大きく影響するよ。それと、地形や面積など、国土のようすも大きな要素だね。たとえば日本は山地が多く、流れが急で短い川が多い。そのため、利用する前に海に流れ出る水が多く、世界的にみると、雨が多いわりに使える水の量が少ない国なんだ。

水のたまり方がちがう

国土が広ければ、地上にも地下にも水がたまる場所がたくさんあるので、必要なときに、必要な量の水を使いやすい。

東南アジアのシンガポールは、面積が兵庫県の淡路島と同じくらい。大きな川や湖がないため使える水は少なく、写真のようなパイプを使って、となりのマレーシアから水を輸入している。

なぜそうなっているの？③

気候変動は水問題にどのような影響があるの

雨が大切なのだとしたら、気候変動は水問題に大きな影響をあたえそうだね？

そのとおり。気候変動によって、雨のふり方がかわり、水不足につながることがあるんだよ。たとえば、雨がふらなくなると、当然、使える水の量がへって水不足になる。干ばつ( )が起きるおそれもある。では、雨がたくさんふれば、水不足はなくなるかというと、そういうわけでもないんだ。ふった雨水は、地面にしみこんだあと、また蒸発してしまう。大雨がふっても、川に流れたあと海へ流れこんでしまうので、人間がうまく使うことはできないんだ。

平均気温が上がることで、海から蒸発する水の量がふえる。

雨がふえる地域では、洪水などの災害が起こる。

雨がへると水が足りなくなるし、雨がふえても水不足の解決にならないんだね。

雪もそうだよ。地球温暖化で、雪のふる量がへったり、雪がとける時期が早まったりすると、春や夏に雪どけ水を使えなくなってしまう。水は、必要なときに、必要な量があることがだいじなんだ。気候変動は、雨のふり方のばらつきを大きくして、水不足を深刻にするんだよ。

☞3巻

雪がへって、春に使える雪どけ水が少なくなる。

雨がへる地域では、水不足がますます深刻になる。

キーワード 干ばつ

ある地域で長い間雨がふらず、土地が乾燥してしまう現象のことを、干ばつという。農業に大きな影響をあたえ、食料不足の原因になることが多い。

ひどい干ばつがおこり、土地が乾燥すると、写真のように地面にひび割れがあらわれるようになる。

なぜそうなっているの？④

川や湖の水を使いすぎたらどうなるの

川や湖にある水を使いすぎると、どんなことが起きるの？

中央アジアのカザフスタンとウズベキスタンにまたがるアラル海は、もともと日本の東北地方と同じくらいの面積の湖だった。ところが、人間がかんがいのために水を使いすぎたことで、ある時期から水がどんどんへって、干上がりそうになってしまったんだ。

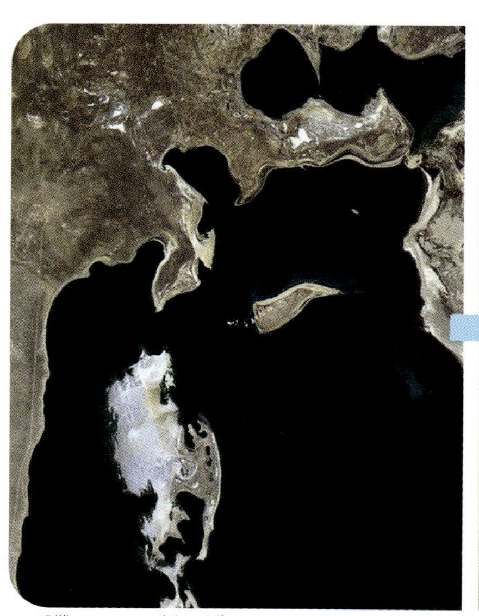

左が1990年、右が2014年のアラル海のようす。湖に流れこんでくる川の水が、かんがいに大量に使われたため、どんどん干上がってしまった。

そんなに大きな湖が干上がってしまったら、きっといろいろな影響が出たんだろうね……？

まず、湖にすんでいた魚などの生きものが、いなくなってしまった。そして、湖で漁業にたずさわっていた人々は、くらしていけなくなってしまった。さらに、アラル海の水には塩分がふくまれていたので、干上がったあとの地面から、塩がまじった砂が風に乗って吹きつけるようになり、農業に被害が出て、さらにまわりに住む人々の健康にも影響をあたえたんだ。

かつてアラル海の水の底だった場所には、漁船などが放置され、「船の墓場」とよばれている。

地下水を使いすぎたらどうなるの？

地面の下にある地下水を使いすぎると、どんなことが起きるの？

地下水は、地面にしみこんだ雨水が、地中にあるすきまにたまったものだよ。とくに深いところにある地下水は、たまるのに長い時間がかかるんだ。人間が、かんがいのためにたくさんの地下水をくみ上げると、水がたまるスピードが追いつかず、地下水がかれてしまうおそれがあるよ。

● 地下水のしくみ

山地にふり地面にしみこんだ雨水が、長い時間をかけて流れてきて、たまったのが地下水。

そのほかに、地下水を使いすぎると、地盤沈下が起きることがあるよ。水をくみ上げることで地中の層がちぢみ、そのぶん、地面がしずんでしまうんだ。地盤沈下によって、建物がかたむいたり、道路にでこぼこが生じたり、ガス管や水道管が破損したりすることがあるよ。

地盤沈下のしくみ

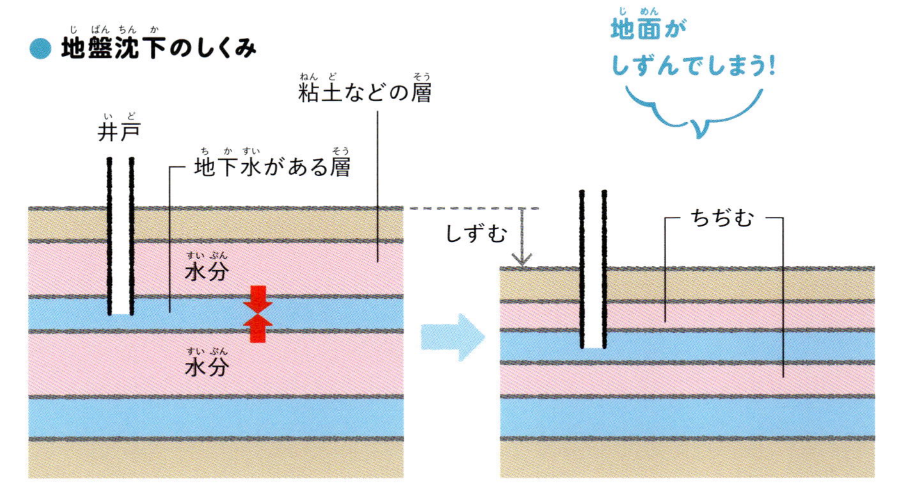

地下水を大量にくみ上げると、地下水がある層の上下の粘土などの層（ピンク色の部分）にふくまれている水分がしぼり出されるようになる。その結果、上下の層がちぢみ、地面がしずむことになる。

もっと知りたい!

地盤沈下になやまされる町

地盤沈下は、海や川の水位が上がると、さらに大きな被害につながる。地面がしずんで低くなった土地は、水につかってしまう危険が高まるからだ。たとえば、大規模な地盤沈下が起こっているインドネシアのジャカルタでは、高潮による被害が大きな問題になっている。

ジャカルタの海沿いの地域には、地盤沈下によって地面が海面より低くなってしまった地域が見られる。

なぜそうなっているの？⑥

日本人は外国の水も使っているってほんとう？

日本にある水しか使っていないと思うんだけど、どういうことなの？

日本は、たくさんの食料を外国から輸入している。当然、それらの食料をつくるとき、その生産国ではたくさんの水が使われている。だから、日本はそのぶんの水を外国から輸入していると考えることができるんだ。この輸入食品の水の考え方を、バーチャルウォーター（仮想水）というよ。

バーチャルウォーターの考え方

外国から食料を輸入することは、それをつくるのに使われた水も輸入しているのと同じだと考える。

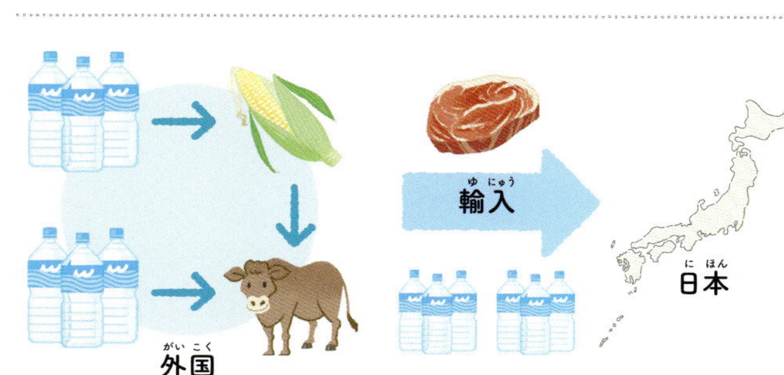

肉などの畜産物の場合、家畜のえさをつくるのに使われた水も、バーチャルウォーターにふくめる。

☞1巻

じゃあ、輸入した食料を食べているということは、外国の水を使っているということになるの？

そういうことになるね。実は日本は、世界のなかでもバーチャルウォーターが多い国のひとつなんだ。その量は、1年間で800億㎥といわれているから、国内で使われている水の量とほぼ同じだよ。つまり、日本は、それだけの量の外国の水を使っていて、世界の水不足に影響をあたえているということなんだよ。

● 1人あたりのバーチャルウォーターの量が多い国

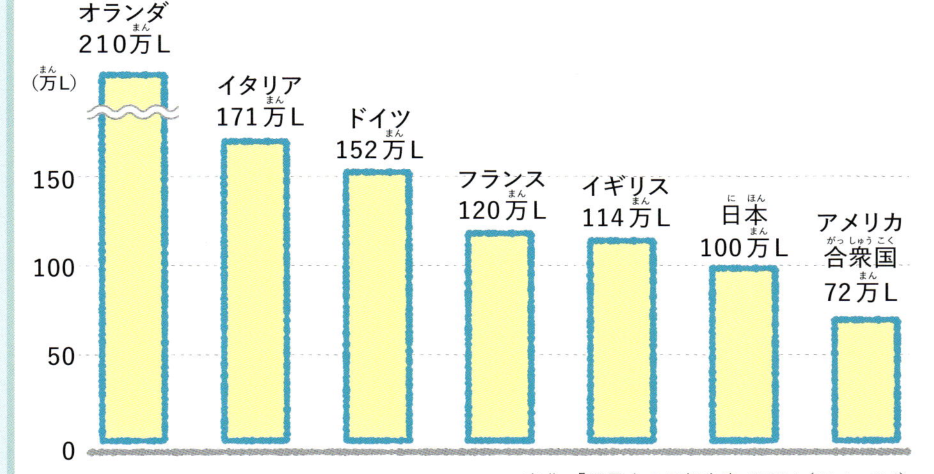

出典：「世界水の日報告書 2019」（WaterAid）

環境省のウェブサイトには、さまざまな食料についてバーチャルウォーターの量を確認できる「仮想水計算機」のページがあるよ。みんなも、自分の食べるものをつくるのに、外国の水がどれくらい使われているか、調べてみよう。

調べてみよう！ 環境省　仮想水計算機

なぜそうなっているの？⑦

水はどうしてよごれてしまうの？

ふだんの生活で水を使っているけれど、どういうふうによごれるのかな？

人間の生活によって出される水「生活排水」はよごれているよ。たとえば、赤潮（P.11）の原因となる窒素やリンは、料理や洗濯などに使ったあとの水にふくまれている。台所で使ったあとの水には、食べのこしや油がふくまれている。トイレからの排水( )には、排せつ物のなかにある病原体がふくまれているよ。

もっと知りたい!

使ったあとの水のゆくえ

浄水場はこれから使う水をきれいにするところで、下水処理場は使ったあとの水をきれいにするところだ。日本では、使ったあとの水は下水道を通って下水処理場（水再生センター）に集められ、ごみやよごれをとりのぞく処理がおこなわれている。そうしてきれいになった水を川や海に流している。

東京都昭島市にある多摩川上流水再生センター。何段階かの処理をおこなって、よごれをとりのぞいた水を、すぐそばを流れる多摩川へ流している。

会社の工場もいろいろな製品をつくっているから、水がよごれそうだよね。

工場で、水はいろいろなことに使われているんだ。飲みものをつくる工場の原料になるだけでなく、製品を洗ったり、冷やしたり、化学反応で水ができることもある。工場の排水は、海や川に流してもいい水質の基準が法律で決められていて、流す前に、その工場が、水をきれいにしなければならないんだ。

工場で使った水を、微生物の力できれいにするための設備。

キーワード トイレからの排水

日本では、水洗式のトイレが多く、トイレからの排水も下水処理場などで処理されている。しかし、このような「安全に管理されたトイレ」を利用できる人は、世界の人口のおよそ6割しかいない。排せつ物をそのまま川に流すなど、衛生的でないトイレを使っている人が世界にはたくさんいる。

バングラデシュの首都、ダッカのスラム（貧しい人々が密集してくらす地域）にあるトイレ。川のそばにあって、排せつ物をそのまま川に流している。

なぜそうなっているの？⑧

日本で起こった水のよごれによる公害って？

日本で、水のよごれによる、重大な公害が起きたって聞いたことがあるよ。

1960年代の日本は、経済が急速に成長して、会社の工場の生産量がふえたんだ。その結果、工場から出される水やガスが、近くの住民の健康に被害をおよぼす公害()が、全国で起こったんだよ。とくに被害が大きかった、水俣病、新潟水俣病、イタイイタイ病、四日市ぜんそくは四大公害病といわれている。四日市ぜんそく以外の3つは、工場からの排水が原因だよ。

キーワード 公害

工場での生産などによって、まわりの環境が破壊されて、人の体や生活に被害が出ること。日本では、汚染物質の出やすい石油化学産業などに力を入れたことや、せまい地域に工場が集中していたこと、環境対策がおくれたことにより、世界でも類を見ない公害病事件が発生した。

1970年ごろの四日市市のようす。当時は、石油化学工場の煙突から出る煙が、空気をよごしていた。

水俣病って、どんな病気だったの……？

熊本県水俣市で1950年代に発生した水俣病の原因は、「チッソ」という化学会社が、使ったあとの水をそのまま海に流していたことだった。この水には、メチル水銀という有害物質がふくまれていたんだ。これが、海にすむ魚などを通して人間の体に入り、病気を引きおこした。これまで多くの人がなくなり、いまも重い症状に苦しんでいる患者さんもたくさんいるんだよ。

● 水俣病発生までの流れ

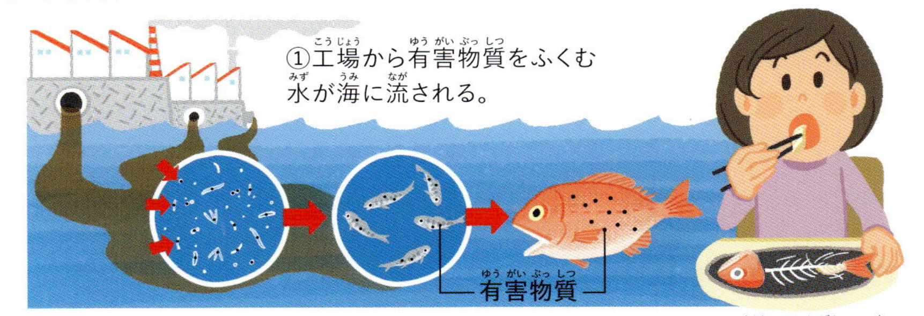

②海のなかで、有害物質がプランクトンにとりこまれる→そのプランクトンたちを小さな魚が食べる→その小さな魚たちをより大きな魚が食べる。こうして、大きな魚の体の中に有害物質がたまっていく。

③その魚を人間が食べる→病気にかかる。

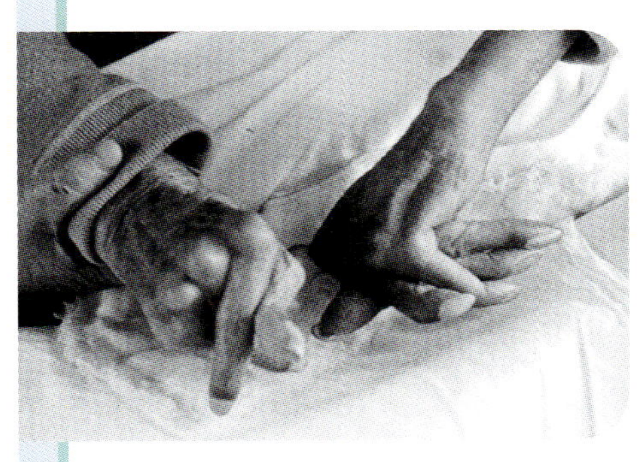

水俣病の症状としては、手足がしびれる、目が見えにくくなる、耳が聞こえにくくなる、まっすぐに立てなくなる、などがあげられる。なかには、指が曲がったまま、動かせなくなってしまう人もいた。

調べてみよう！ イタイイタイ病

調べてみよう！ 新潟水俣病

使える水をふやすにはどうすればいいの？

水をめぐる問題を解決するために、すでにいろいろなところで取り組みがはじまっているよ。そしてもちろんみんなにも、できることはあるんだ。

使えない水を使えるようにする方法はないの？

たとえば水のリサイクル、つまり一度使った水を処理して再び利用することが、そのひとつだよ。工場などで、使い終わった水のよごれをとりのぞいて、もう一度使えば、川などから引いてくる水の量をへらすことができるからね。また、海の水から塩分をとりのぞいて利用できる水にかえる、海水淡水化の取り組みもあるよ。

アラブ首長国連邦、ドバイの海水淡水化施設。

使える水の量をふやすために、ほかにどんな方法があるの?

安全に管理された飲み水を利用できない人が多いのは、お金や技術がないことが理由である場合も多い。だから、解決には国をこえた支援が大きな意味をもつよ。たとえば、井戸をつくる技術をもつ人が現地へ行って、家の近くに井戸をつくり、地下水を使えるようにする。そうすれば、子どもたちが何時間もかけて、遠くへ水をくみに行かなくてもすむようになるからね。

アフリカのザンビアで、日本の国際協力機構（JICA）の協力でつくられた井戸を利用する人たち。

画像提供：
国際協力機構（JICA）

日本でもおこなわれる海水淡水化

海水淡水化は雨が少ない国だけのものではなく、日本でもおこなわれている。沖縄県北谷町にある海水淡水化センターでは、県内の水の使用量の増加に対応するため、1997年から海水の淡水化をおこなっている。

海水淡水化センターにある、海水から塩分をとりのぞく装置。ここでは1日に4万㎥の淡水を生みだすことができる。

これからどうすればいいの？②

水を守るためにどんなことができるの？

かぎられた水をだいじに守っていくために、わたしたちには何ができるのかな？

まずは日ごろから、水をむだづかいしないことを心がけてほしいな。日本の家庭では、1人1日あたり200L以上の水を使っている。みんなで少しずつ節約すれば、地球のみんなのものであるかぎられた水を大切にすることにつながるよ。

● 水を節約するためにできることの例

水を出しっぱなしにしない

お風呂、台所、洗面所などでは、使わないときはこまめに水を止める。たとえば、シャワーを1分間流しっぱなしにすると、約12Lの水のむだづかいになる。

トイレの水の流し方に気をつける

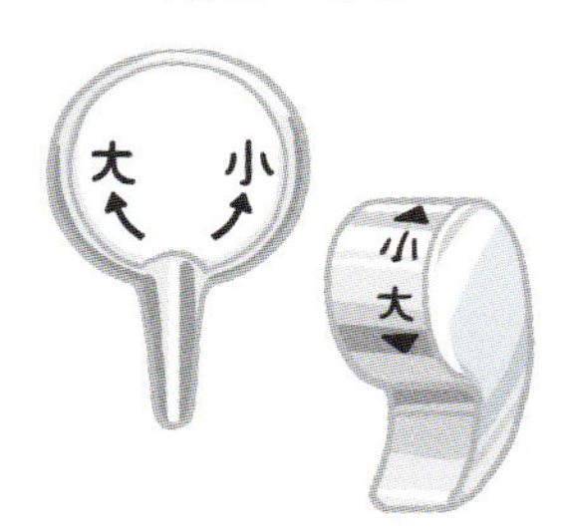

小レバーの場合、大レバーにくらべて流れる水の量が2Lほど少なくてすむ。トイレットペーパーを使わなかったときは、小レバーを使うとよい。

お風呂の残り湯を活用する

お風呂に入ったあと浴槽に残っているお湯はそのまま流さず、洗濯やそうじなどに利用する。洗濯に使った場合、1回で約50Lの水を節約できる。

水をなるべくよごさないためにも、ふだんからできることがありそうだよね。

そうだよ。みんなが使ったあとの水は、川や海の水をよごす原因になってしまうこともある。でも、ひとりひとりが水を使うときの意識をちょっとかえるだけで、よごれをおさえることができるんだ。

● 水をよごさないためにできることの例

食事をするとき

食べのこしが出ないよう、料理は食べきれるぶんだけつくる。食べるときは、マヨネーズやドレッシングなどのかけすぎに気をつける。

食事のあとかたづけ

食べ終わったあとの食器を洗う前に、キッチンペーパーや古新聞などを使って、油よごれなどをあらかじめふきとっておく。

お風呂に入るとき

シャンプーなどは適切な量を守って使う（たくさん使えばよごれが落ちやすくなるわけではない）。洗濯に使う洗剤も同じ。

大切な地球の水を守るため、
自分たちにできることからやってみよう。

あとがき

人工衛星から見た地球は青くて、とてもきれいで、水が豊かです。そのため、地球は水の惑星といわれています。水はわたしたちの命の源であり、農業や工業などにも欠かせません。ところが人間が利用できる水は、地球上にある水のうちの、わずか0.02%ほどにすぎないのです。

その貴重な水が不足し、よごれ、地域によっては安全な水を使えない人が増えるなど、水をめぐる問題が深刻になっています。このため、使える水の量をふやすための取り組みもおこなわれています。たとえば効率よく水を使うこと、リサイクルを進めることなどです。また、国際的な協力の輪も広がっています。

わたしたちも水を大切にし、よごさないために、ふだんからできることに取り組むことが重要です。

京都大学名誉教授 **松下和夫**

水問題 さくいん

あ行

か行

さ行

た行

な行

は行

ま行

や行

ら行

●装丁・デザイン
株式会社東京100ミリバールスタジオ

●イラスト
さはら そのこ
上田 英津子
坂川 由美香（AD・CHIAKI）

●編集制作
株式会社KANADEL

●写真協力
Alamy
KONO KIYOSHI
NASA
picture alliance
PIXTA
Science Photo Library
アフロ
エムオーフォトス
末永幸治
毎日新聞社
ロイター
沖縄県企業局（P.35）
栗田工業株式会社（P.31）
国際協力機構（JICA）（P.35）
水戸市（P.11）

監修 松下 和夫

京都大学名誉教授。（公財）地球環境戦略研究機関（IGES）シニアフェロー。環境庁（省）、OECD環境局、国連地球サミット上級環境計画官、京都大学大学院地球環境学堂教授（地球環境政策論）などを歴任。地球環境政策の立案・研究に先駆的に関与し、気候変動政策・SDGsなどに関し積極的に提言。持続可能な発展論、環境ガバナンス論、気候変動政策・生物多様性政策・地域環境政策などを研究している。主な著書に「1.5℃の気候危機」（2022年、文化科学高等研究院出版局）、「環境政策学のすすめ」（2007年、丸善株式会社）、「環境ガバナンス」（2002年、岩波書店）などがある。

おもな出典

国立天文台 編『環境年表 2023-2024』丸善出版、「令和6年版　日本の水資源の現況」国土交通省、「Progress on household drinking water, sanitation and hygiene 2000-2022: Special focus on gender」国連児童基金／世界保健機関、「World Population Prospects 2024」国際連合経済社会局、「世界水の日報告書 2019」WaterAid など

いちからわかる環境問題② 水問題

2025年3月　第1刷発行

監　　修　松下 和夫
発 行 者　佐藤 洋司
発 行 所　さ・え・ら書房
〒162-0842　東京都新宿区市谷砂土原町3−1
TEL 03-3268-4261　FAX 03-3268-4262
https://www.saela.co.jp/
印 刷 所　光陽メディア
製 本 所　東京美術紙工

ISBN978-4-378-02542-1　NDC519
Printed in Japan